Bibliografische Information der Deutschen Nationalbibliothek:

Die Deutsche Bibliothek verzeichnet diese Publikation in der Deutschen National-
bibliografie; detaillierte bibliografische Daten sind im Internet über http://dnb.d-
nb.de/ abrufbar.

Impressum:

Copyright © 2014 GRIN Verlag, Open Publishing GmbH
Druck und Bindung: Books on Demand GmbH, Norderstedt Germany
ISBN: 9783656762133

Dieses Buch bei GRIN:

http://www.grin.com/de/e-book/281600/die-schwarzschild-de-broglie-modifikation-
der-speziellen-relativitaetstheorie

Siegfried Gantert

Die Schwarzschild-de Broglie Modifikation der speziellen Relativitätstheorie für massive Feldbosonen (SBM)

Studie zur Dunklen Energie und Dunklen Materie aus der Perspektive des SBM-Modells

GRIN Verlag

Wissenschaftliche Studie

Die Schwarzschild-de Broglie Modifikation der speziellen Relativitätstheorie für massive Feldbosonen (SBM)

Studie zur Dunklen Energie und Dunklen Materie aus der Perspektive des SBM-Modells

Siegfried Gantert

25.09.2014

(Überarbeitete deutsche Version)

Inhaltsangabe:

Coverbild: © Stefano Ginella - Fotolia.com

Die Schwarzschild-de Broglie Modifikation der speziellen Relativitätstheorie für massive Feldbosonen (SBM)

Studie zur Dunklen Materie und Dunklen Energie aus der Perspektive des SBM-Modells

Siegfried Gantert

Abstract

Für Feldbosonen, in dieser Arbeit gleichbedeutend für Kondensate aus Spin 0-Teilchen, wird hier eine modifizierte Form der speziellen Relativitätstheorie, kurz SBM, präsentiert. Sie leitet sich von der Hypothese ab, dass bei relativistischen Geschwindigkeiten eine Mindestgröße der Ortsunschärfe $\Delta x > 2 \cdot r_S$ (r_S = Schwarzschildradius) wirksam wird, aus der sich je nach Größe der Feldbosonen unterschiedliche Grenzgeschwindigkeiten $0 < v_{l,n} < c$ ableiten lassen. Entsprechend dem SBM-Modell werden Feldbosonen unterhalb einer definierten Phasengrenze durch spontane Symmetriebrechung massiv. Durch Wirkung der Gravitation können Feldbosonen zu größeren Kondensaten verschmelzen, wodurch ihre effektive Masse abnimmt und infolge dessen auch der gravitative Zusammenhalt auf großen Skalen.

Einleitung

Nach den neuesten Messungen der Hintergrundstrahlung (CMB) des Planck-Satelliten der ESA bestehen ungefähr 68 Prozent des Universums aus der rätselhaften Dunklen Energie, 27 Prozent des Universums aus Dunkler Materie und nur etwa 5 Prozent setzen sich aus der uns bekannten sichtbaren Materie zusammen [1].

F. Zwicky wies als einer der Ersten auf die mögliche Existenz einer Dunklen Materie hin, nachdem Untersuchungen zur Eigenbewegung von Galaxien in Galaxienhaufen mit dieser Annahme sehr gut zu vereinbaren waren [2,3]. Ähnliche Beobachtungen wurden auch bei den Rotationskurven von Spiralgalaxien gemacht [4-9]. Demnach nimmt der Anteil der Dunklen Materie mit wachsender Distanz vom Zentrum zu, in der Nähe des Galaxienzentrums ist er hingegen vergleichsweise gering.

Eine Untersuchung zur Masseverteilung der Materie in der Umgebung der Sonne [10] ergab wiederum, dass sie ziemlich genau der sichtbaren entsprach und somit keine Indizien für Dunkle Materie gefunden werden konnten.

Wegen der Schwierigkeiten die z. T. widersprüchlichen Beobachtungen mit bekannten physikalischen Konzepten in Einklang zu bringen, wurden zahlreiche Vorstellungen zur Dunklen Materie und Dunklen Energie entwickelt. Unter anderem werden dazu String-Theorien [11], die Loop–Quantengravitation [12], das Quintessenzmodell [13], das Axion [14], Phantomenergie [15] sowie die MOND-Theorie [16] als Erklärungsversuche herangezogen, um das rätselhafte Verhalten zu beschreiben.

Legt man eine kosmologische Konstante Λ zugrunde, lassen sich die Daten der Hintergrundstrahlung [17, 18] zur Verteilung der Dunklen Materie und Dunklen Energie gut mit den Vorhersagen des Standardmodells der Kosmologie (Λ-CDM–Modell) in Einklang bringen. Die grundlegenden Wirkungsmechanismen auf denen eine gegen die Gravitation wirkende Dunkle Energie jedoch beruhen sind bis heute weitgehend ungeklärt.

Auf Skalen der Größenordnung einer Galaxie führen auch die Vorhersagen des Λ-CDM–Modells zu Inkonsistenzen [19]. Gemäß den Modellvorstellungen sollte das Zentrum einer Galaxie schneller rotieren als es die Messungen ergaben. Ebenso erwartete man in der Nähe eines Galaxienzentrums eine größere Dichte an kalter Dunkler Materie. Die Diskrepanz zwischen den Messungen und den Vorhersagen des Λ-CDM-Modells fanden unter dem Begriff "kalte Dunkle Materie Katastrophe" Eingang in die astrophysikalische Literatur [20].

1

Mayer et al. führen das Fehlen von Dunkler Materie im Bereich des Zentrums einer Galaxie auf Supernova Explosionen zurück [21]. Eine Forschergruppe um Benoit Famaey kommt aufgrund von Untersuchungen [22, 23] zum Schluss, dass es einen engeren Zusammenhang zwischen der Verteilung der sichtbaren Materie und der Dunklen Materie geben muss. Ihre Beobachtungen lassen sich eher mit den Vorhersagen der MOND –Theorie (Modified Newtonian Dynamics) von Mordehai Milgrom [24] in Einklang bringen.

Verstärkte Aufmerksamkeit erfahren in jüngster Zeit auch Modellvorstellungen, die Dunkle Materie als Kondensat eines skalaren Bosonenfeldes deuten [25-38].

Auf der Ebene der Elementarteilchen werden hypothetische Teilchen wie das Axion oder WIMPs (weakly interacting massive particles) als Kandidaten für die Dunkle Materie gehandelt. Im Rahmen der SUSY-Theorie(n) gilt das Neutralino, das leichteste (LSP) einer Reihe von hypothetischen Teilchen als möglicher Anwärter für die kalte Dunkle Materie (CDM) [39].

Die Schwarzschild - de Broglie Modifikation der SRT für massive Feldbosonen (SBM)

Die vorliegende Arbeit hat sich zur Aufgabe gemacht, die gewonnenen Ergebnisse des SBM-Modells anhand von astrophysikalischen Daten [1-10, 50] auf Stimmigkeit zu überprüfen. Sie wird motiviert von der Möglichkeit physikalische Aspekte der Dunklen Energie und der Dunklen Materie besser zu verstehen bzw. nachvollziehen zu können.

Die Arbeit ist wie folgt strukturiert: Zuerst wird das zugrunde liegende SBM-Modell vorgestellt und daraus unterschiedliche Grenzgeschwindigkeiten für Feldbosonen verschieden großer Skalenmasse abgeleitet. Daran anschließend wird die Phasengrenze ermittelt, bei der relativistische Feldbosonen durch spontane Symmetriebrechung effektive Masse erhalten. Im anschließenden Abschnitt wird auf der Basis des SBM-Modells ein Higgs-artiger Mechanismus vorgeschlagen, um die Gesamtenergie der involvierten Feldbosonen in eine quantitative Beziehung zur ihrer massevermittelnden Wirkung zu stellen. Abschließend wird anhand der Ergebnisse die Brauchbarkeit des vorgeschlagenen SBM-Modells am Beispiel einiger astrophysikalischer Problemfelder diskutiert.

Im Rahmen des Konzeptes der Planck-Skala wird die Planklänge oft als ein Limit für die Gültigkeit der heute bekannten physikalischen Gesetze angeführt [40]. Die Plancklänge (3) ergibt sich aus einem Größenvergleich des Schwarzschildradius (1) mit der Compton Wellenlänge, Gleichung (2). Entsprechend einem Konzept von Max Planck [41,42] ist die Darstellung physikalischer Phänomene auf Distanzen kleiner als die der Plancklänge (1,616E-35 m), Gleichung (3), mit dem heutigen Wissensstand nicht möglich, sondern kann nur noch mit einer Quantentheorie der Gravitation formuliert werden.

$$r_S = 2 \cdot G \cdot m / c^2 \qquad \text{Schwarzschildradius} \qquad (1)$$

$$\lambda_C = \frac{h}{m \cdot c} \qquad \text{Compton Wellenlänge} \qquad (2)$$

$$l_P = \sqrt{\hbar \cdot G / c^3} \qquad \text{Planck-Länge} \qquad (3)$$

Grundsätzlich lässt sich die Compton Wellenlänge aus der Wellenlängenzunahme der rechtwinkligen Streustrahlung bestimmen, die sich nach einem elastischen Stoß eines Photons mit einem ruhenden Teilchen ergibt. Dies führt nach dem Stoß i.d.R. zur Unterdrückung der Kohärenzeigenschaften quantenmechanischer Zustände, die mit einem Verlust der Interferenzfähigkeit des Teilchens einhergeht. Da Photonen mit Dunkler Materie kollisionsfrei und nur gravitativ wechselwirken, wäre es möglich, dass es sich im Falle der Dunklen Materie um mehr oder weniger stabile kohärente Systeme handeln könnte. Deshalb erscheint es lohnend, das Erscheinungsbild der Dunklen Materie unter dem Aspekt einer kohärenten Wechselwirkung von Bosonen und hier im Besonderen der kohärenten Wechselwirkung von Higgs-Bosonen zu untersuchen.

Aufgrund des ganzzahligen Spins können sich Higgs-Bosonen zu Kondensaten arrangieren, falls sich daraus stabile quantenmechanische Zustände ergeben. Es kann gezeigt werden, dass sich bei einer bestimmten Modifikation der speziellen Relativitätstheorie geeignete Potentiale ausbilden, die zur Stabilität solcher Kondensate beitragen können. Im Kontext dieser Arbeit wird anstelle von Kondensat meistens der Ausdruck Feldboson verwendet, um den Teilchencharakter einer solchen Einheit hervorzuheben. Da die Higgs-Bosonen als deren Konstituenten aufgrund der Ganzzahligkeit des Spins einer Bose-Einstein Statistik unterliegen, kann ein entsprechendes Feldboson (Kondensat) durch eine Einteilchen-Wellenfunktion beschrieben und quantenmechanisch als eigenständiges Teilchen aufgefasst werden.

Im Rahmen der Arbeit wird deshalb nicht die Compton-Wellenlänge und folgedessen auch nicht die Plancklänge, sondern die de-Broglie-Wellenlänge (4) unterschiedlich großer Feldbosonen in den Mittelpunkt der Überlegungen gestellt.

$$\lambda_{dB} = h/p \qquad \text{de-Broglie-Wellenlänge} \qquad (4)$$

Das hier präsentierte SBM-Modell unterscheidet sich damit nicht nur von der SRT A. Einsteins, indem es zwischen fermionischen und bosonischen Teilchen differenziert, sondern unterscheidet sich auch von der doppelt-speziellen Relativitätstheorie [43-45], die den Ansatz verfolgt, zusätzlich zur Lichtgeschwindigkeit die Planck Länge bzw. Planck Energie als weitere lorentzinvariante Größe zu berücksichtigen.

Als erstes sollen mögliche Folgen der Kohärenz in Hinblick auf das relativistisches Geschwindigkeitsverhalten der Feldbosonen diskutiert werden.

Da a priori keine Aussagen über die Stärke der Kopplung der Teilchen untereinander getroffen werden können, wird die Skalenmasse eines Feldbosons als Summe der Massen der (Higgs-) Bosonen, aus denen es sich zusammensetzt, definiert, Gleichung (5).

$$\sum_{n=1}^{n} m_H = n * m_H = M_n \qquad \text{Skalenmasse } M_n \qquad (5)$$

Die Skalenmasse soll hauptsächlich als Bezugsmaßstab zur Darstellung der effektiven Größen der Feldbosonen dienen.

Für die weitere Vorgehensweise wird die spezielle Relativitätstheorie (SRT) unter dem Vorbehalt zu Hilfe genommen, dass eine Beschreibung relativistischer Teilchen des oben skizzierten Feldteilchentyps mit der SRT wahrscheinlich nicht möglich ist. Die Gesetzmäßigkeiten der SRT werden aber dazu genutzt, um eine Spur zu dem Punkt aufzunehmen, an dem ein "Kollaps" der Wellenfunktion erwartet wird. In einem zweiten Schritt wird dann zu jedem Feldboson eine spezifische relativistische Grenzgeschwindigkeit $v_{l,n} < c$ gesucht, die den Kollaps der Wellenfunktion, d.h. den Verlust der Kohärenz gerade verhindert. Ein "l" im Index der Grenzgeschwindigkeit $v_{l,n}$ steht für "limit", das "n" kennzeichnet die Anzahl der Higgs-Bosonen, aus denen sich ein spezifisches Feldboson zusammensetzt. Gibt es keine anziehende bzw. abstoßende Wechselwirkung der Higgs-Bosonen untereinander, so gilt für die de Broglie Wellenlänge eines (freien) Feldbosons mit Schwerpunktmasse M_n, Gleichung (6), wobei p_n für den Impuls des Feldbosons steht.

$$\lambda_{dB,n} = \frac{h}{p_n} \qquad \text{De Broglie Wellenlänge, Feldboson (6)}$$

Bewegt sich das Feldboson sehr schnell gegenüber einem ruhenden Beobachter (Inertialsystem) muss der relativistische Impuls p_n entsprechend Gleichung (7) berücksichtigt werden.

$$p_n = \frac{M_n \cdot v}{\sqrt{1 - (v/c)^2}} \tag{7}$$

Aus der Sicht eines ruhenden Beobachters ($v = 0$) wird die Materiewelle eines kohärenten Feldteilchens bei relativistischen Geschwindigkeiten v in Bewegungsrichtung gestaucht. Es wird jetzt angenommen, dass die Materiewelle im Bereich der Grenzgeschwindigkeit $v_{l,n}$ eines Feldbosons für einen ruhenden Beobachter über das Stadium eines abgeplatteten Rotationsellipsoids hinaus in eine toroidale Grenzform, d.h. vereinfacht in einen Horntorus übergeht, wie es schematisch in Abb. 1 dargestellt wird. Für die Ortsunschärfe Δx eines solchen Feldteilchens in der Nähe des Geschwindigkeitslimits gilt jetzt mit Relation (8) eine Mindestgröße, die dem Betrag nach immer größer als der zweifache Schwarzschildradius ist.

$$\Delta x > 2 \cdot r_s \tag{8}$$

Tatsächlich kann mit der Forderung (8) die Gültigkeit der relativistische Längenkontraktion nach (9) über den gesamten Energiebereich aufrecht erhalten werden, ohne dass es zu einem Kollaps der Materiewelle und zur Ausbildung einer punktfömigen Singularität kommen muss, siehe dazu Abb.1.

$$\tag{9}$$
$$L_n = L_{0,n} \cdot \sqrt{1 - \frac{v^2}{v_{l,n}^2}}$$

Wie aus Abb. 1 ersichtlich, strebt unter der Randbedingung (8) die "Länge" eines Feldbosons aus der Sicht eines ruhenden Beobachters bei relativistischen Energien im Massenschwerpunkt gegen 0. Für diese Grenzbedingung gilt für die de Broglie Wellenlänge eines Feldbosons Beziehung (10):

$$\lambda_{dB} \cong 2 \cdot r_s \cdot \pi \tag{10}$$

Die gestrichelten Linien in Abb. 1, rechts, stellen schematisch die äußere Schwarz-schildlösung als Schnittzeichnung durch einen Flamm'schen Paraboloiden in zwei verschiedenen Positionen mit Abstand Δx dar. Für das SBM-Modell ergeben sich somit Unterschiede zur SRT, für die ein Bruch der bekannten physikalischen Gesetzmäßigkeiten im Bereich der Planck-Länge prognostiziert wird [41].

Abbildung 1: Toroidale Symmetrie der Grenzkonfiguration (Horntorus) mit de Broglie Wellenlänge $\lambda_{dB} \cong 2 \cdot r_S \cdot \pi$ zur Bestimmung der relativistischen Grenzgeschwindigkeit $v_{l,n}$ eines Feldbosons (rechts Schnittzeichnung)

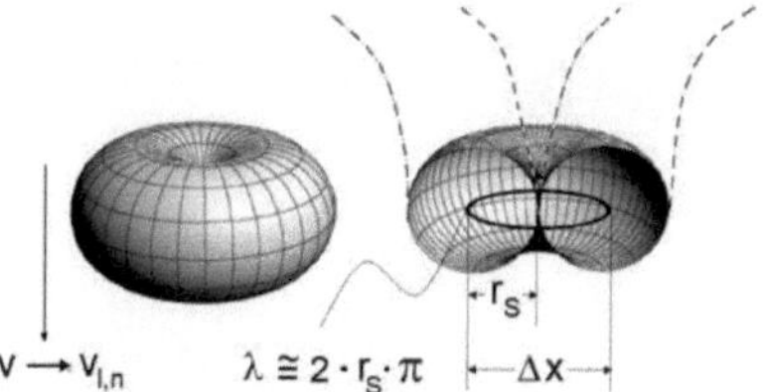

Zur expliziten Berechnung der Grenzgeschwindigkeit $v_{l,n}$ eines Feldbosons der Skalenmasse M_n wird nun Beziehung (10) unter Berücksichtigung des Lorentzfaktors γ zur Aufstellung der Bestimmungsgleichung (11) für $v_{l,n}$ genutzt.

$$\frac{\hbar \cdot \sqrt{1-\frac{v_{l,n}^2}{c^2}}}{M_n \cdot v_{l,n}} = \frac{2 \cdot G \cdot M_n}{c^2 \cdot \sqrt{1-\frac{v_{l,n}^2}{c^2}}}$$

Grenzfall $v = v_{l,n}$ zur Bestimmung von $v_{l,n}$

$$(11)$$

Auflösung von (11) nach $v_{l,n}$ liefert schließlich Gleichung (12) als Lösung, wobei nur Werte mit positiven Vorzeichen vor dem Wurzelausdruck berücksichtigt werden.

$$v_{l,n} = -\frac{G \cdot M_n^2}{\hbar} \pm \sqrt{\frac{G^2 \cdot M_n^4}{\hbar^2} + c^2} \tag{12}$$

Die graphische Darstellung der Grenzgeschwindigkeiten $v_{l,n}$ (12) vs. Skalenmasse M_n (Abb. 2) zeigt, dass unterhalb einer Skalenmasse von etwa 1E-10 kg kaum nennenswerte Abweichungen der SBM von der speziellen Relativitätstheorie (SRT) auftreten, da für Feldbosonen mit kleiner Skalenmasse $v_{l,n} \cong c$ gilt.

Auf der Massenskala oberhalb von 1E-10 kg ergeben sich jedoch stärkere Abweichungen von der SRT. Die berechneten Grenzgeschwindigkeiten für Feldbosonen streben mit ansteigender Skalenmasse allmählich gegen Null, siehe Abb. 2.

Nach Gleichung (12) sind die Grenzgeschwindigkeiten $v_{l,n}$ nur von der Skalenmasse M_n (3) eines Feldbosons und den Naturkonstanten G, $\hbar$ und c abhängig. Für ein bosonisches Teilchen ohne Ruhemasse, wie es beispielsweise für das Photon zutrifft, gilt demnach $v_{l,n} = c$, wie sich leicht anhand von Gleichung (12) für $M_n = 0$ überprüfen lässt. Wie später noch ausführlicher dargelegt wird, prognostiziert das SBM-Modell im Gegensatz zur SRT eine Dispersion der Grenzgeschwindigkeiten von Feldbosonen mit nicht verschwindender Ruhemasse. Bosonen ohne Ruhemasse wie beispielsweise Photonen unterschiedlicher Energie sollten demnach keine Geschwindigkeitsdispersion aufweisen. Dies steht in guter Übereinstimmung mit Laufzeitmessungen von Photonen aus GBR-Ereignissen [46,47] (GBR gamma ray burst).

Abbildung 2: Berechnete Grenzgeschwindigkeiten $v_{l,n}$ nach dem SBM-Modell auf einer Massenskala von 0 bis etwa 1,6E-7 kg.

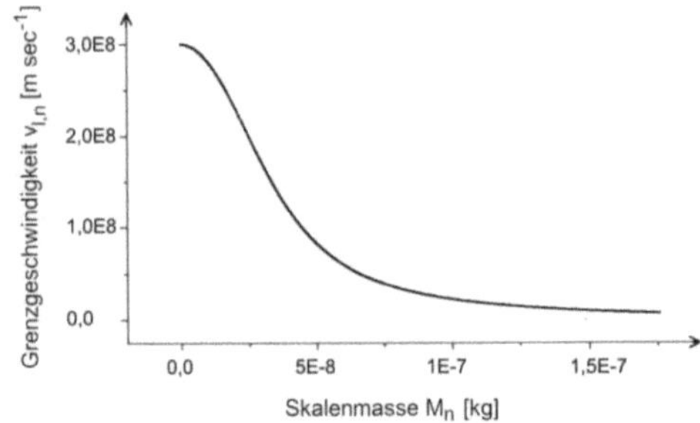

Substituiert man unter Beibehaltung der relativistischen Prinzipien in der Energie-Impuls-Gleichung der SRT (13) bzw. in Gleichung (15) für die Gesamtenergie die Lichtgeschwindigkeit c durch die neu gewonnenen Grenzgeschwindigkeiten $v_{l,n}$, zeigt sich ein stark abweichendes Verhalten des SBM-Modells für Feldbosonen im Vergleich zur SRT, siehe Abb. 3, unten.

$$E_{SRT,n}^2 = E_0^2 + (c \cdot p_n)^2 \qquad (13) \qquad E_{SBM,n}^2 = E_0^2 + (v_{l,n} \cdot p_n)^2 \qquad (14)$$

$$E_{SRT,n} = \frac{M_n \cdot c^2}{\sqrt{1-\frac{v^2}{c^2}}} \qquad (15) \qquad E_{SBM,n} = \frac{M_n \cdot v_{l,n}^2}{\sqrt{1-\frac{v^2}{v_{l,n}^2}}} \qquad (16)$$

Mit Einführung der Schwarzschild - de Broglie Modifikation (SBM), Bez. (14) und (16), ist ein starker Rückgang der Ruheenergie ($v = 0$) mit ansteigender Skalenmasse der Feldbosonen zu erkennen, siehe Abb. 3, unten. Die am Kurvenverlauf angegebenen Zahlen entsprechen der Skalenmasse des dargestellten Schwarzschild de-Broglie-Kondensats (Feldbosons) in kg.

Im Vergleich dazu ist in Abb. 3, oben, der theoretische Verlauf der Gesamtenergie verschieden schwerer Partikel gemäß der SRT dargestellt. Die Ruheenergie der Teilchen ($v = 0$) verhält sich entsprechend der Äquivalenz von Masse und Energie, während sie im Falle der Feldbosonen, Abb. 3 unten, mit steigender Skalenmasse allmählich wieder kleiner wird. Das Maximum an Ruheenergie wird mit etwa 0,6E9 J bei einer Skalenmasse von 1,107E-8 kg erreicht, womit sie sich noch deutlich unterhalb der Planck-Energie mit 1,9561E9 J befindet.

Da die Äquivalenz von Skalenmasse und Energie im Rahmen des SBM-Modells nicht aufrechterhalten werden kann, siehe Abb. 3, wird nachfolgend zwischen der Skalenmasse und der effektiven Masse eines Feldbosons unterschieden.

 Geschwindigkeit - Energie Plot unterschiedlicher Teilchenmassen nach der SRT von A. Einstein, oben und im Vergleich dazu der von Feldbosonen unterschiedlicher Skalenmasse gemäß dem SBM-Modell, unten. Die am Kurvenverlauf angegebene Zahl in Abb. 3, unten, entspricht der Skalenmasse des dargestellten Schwarzschild de-Broglie-Kondensats (Feldbosons) in kg.

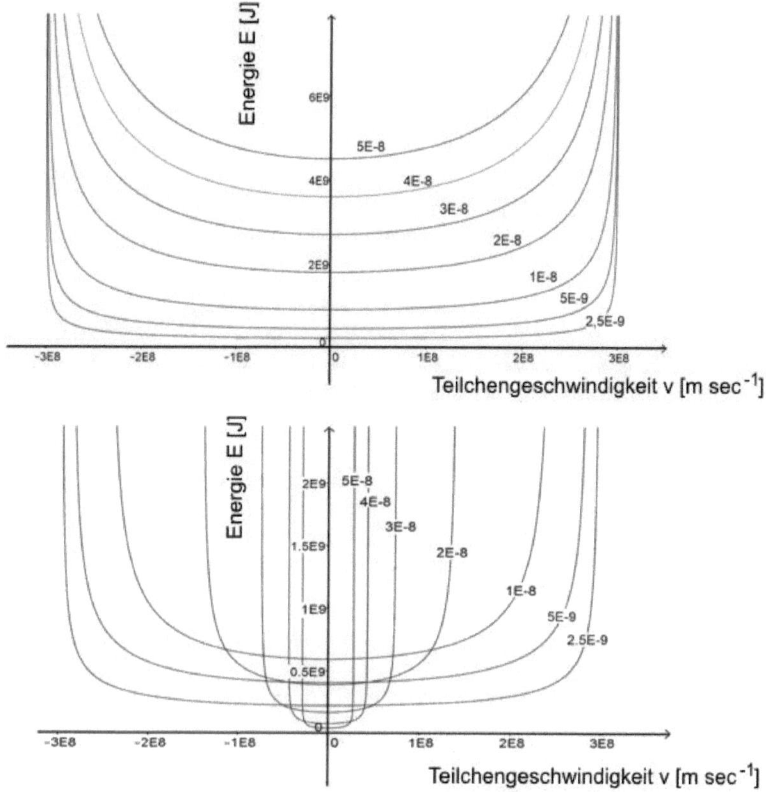

In Abb. 4 ist auf der x-Achse die Skalenmasse gegen die Gesamtenergie der Feldbosonen bei verschiedenen Geschwindigkeiten aufgetragen. Die effektive Masse eines Feldbosons bei einer bestimmten Geschwindigkeit richtet sich entsprechend seinem Energiewert aus, siehe Text weiter unten. Die schräg nach oben gerichtete Strich-Punktlinie in Abb. 4 stellt den Verlauf der Ruheenergie bei gleichen Skalenmassen gemäß der SRT dar. Wie man sieht, befinden sich die Geschwindigkeitstrajektorien gemäß dem SBM-Modell in einem weiten Skalenmassenbereich unterhalb der Energien nach SRT-Version.

Abbildung 4: Diagramm Skalenmasse vs. Gesamtenergie für Feldbosonen bei verschiedenen Geschwindigkeiten nach dem SBM-Modell. Die Zahlen an den Parameterkurven geben die Geschwindigkeit in Einheiten der Lichtgeschwindigkeit an

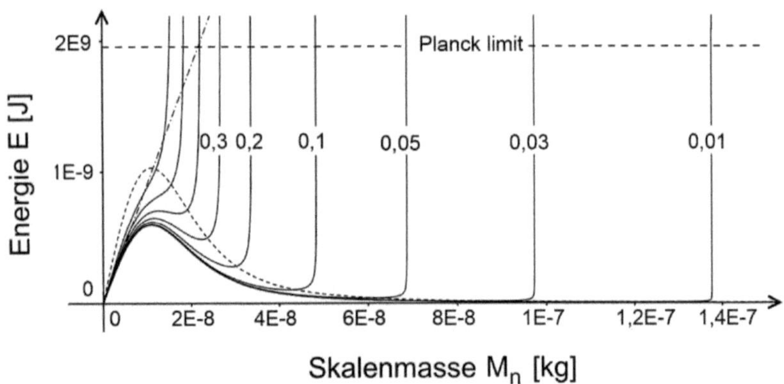

Um eine Beziehung zwischen der Skalenmasse eines Feldbosons und seiner effektiven Masse herzustellen, wird die Größe μ (17) eingeführt, die das Verhältnis der Grenzgeschwindigkeit eines Feldbosons zur Lichtgeschwindigkeit wiedergibt.

$$\mu_n = \frac{v_{l,n}}{c} \tag{17}$$

Mit Definitionsgleichung (17) lässt sich dann Gleichung (16) der SBM für $v = 0$ auch in Form von (18) umformulieren,

$$E_{n,SBM} = M_n \cdot \mu_n^2 \cdot c^2 \tag{18}$$

so dass man nach Division durch c^2 für die effektive (invariante) Masse $M_{eff,n}$ den Ausdruck (19) erhält.

$$M_{eff,n} = M_n \cdot \mu_n^2 \tag{19}$$

In Abb.4 ist außerdem der gestrichelte Kurvenverlauf entsprechend Gl. (20) eingetragen, der für große Skalenmassen eine gute Näherung zur Berechnung der Lage der Minima der verschiedenen Parameterkurven in Abb. 4 darstellt.

$$E_{min} \cong M_n \cdot v_{l,n}^2 \cdot \sqrt{3} \qquad \text{für große Skalenmassen} \tag{20}$$

8

Spontane Symmetriebrechung an der SRT-SBM Phasengrenze

Anhand der Abb. 5 wird die bisherige Vorgehensweise zur Bestimmung der Grenzgeschwindigkeit $v_{l,n}$ am Beispiel eines Feldteilchens der Skalenmasse M_n im v/E-Diagramm noch einmal graphisch veranschaulicht. Am Punkt A kann mit Hilfe der SRT und Hypothese (8) die Grenzgeschwindigkeit $v_{l,n}$ bestimmt werden, mit der die SBM-Modifizierung der SRT für Feldbosonen entsprechend Gleichung (16) durchgeführt wird. Das Ergebnis der Modifikation ist in Abb. 5 am neuen Verlauf der SBM-Kurve zu erkennen.

Abbildung 5: Zur Erklärung der Schwarzschild de Broglie Modifikation der SRT für ein Feldbosonen der Skalenmasse M_n, s. Sb.: spontane Symmetriebrechung am Punkt B, (Erläuterungen siehe Text).

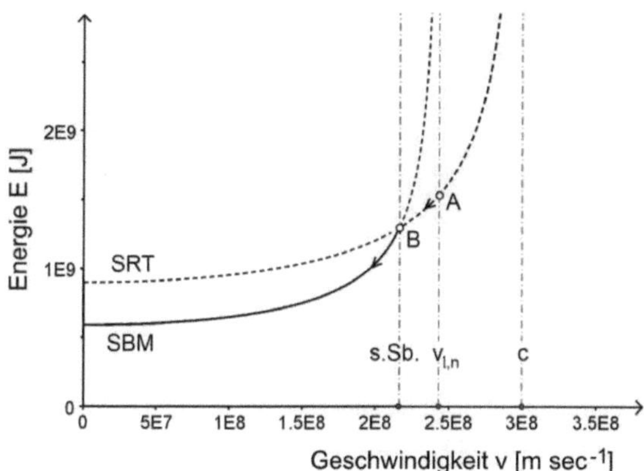

Der ursprüngliche SRT-Kurvenverlauf kreuzt am Punkt B die SBM-Kurve. Schnittpunkt B ist Teil einer Phasengrenzlinie, bei dem der Übergang in eine tieferliegende SBM-Phase unter spontaner Symmetriebrechung verläuft. Dabei entsteht ein massives Feldboson von toroidaler Symmetrie, siehe dazu auch Abb. 1. Da zur Bildung der Feldbosonen die Ausgangskonstituenten am Punkt B dicht beieinander liegen müssen, sind Bedingungen nötig, die es wahrscheinlich nur kurz nach dem Urknall gab. Abb. 5 und alle nachfolgenden Plots und Diagramme stellen die energetischen Verhältnisse im flachen Raum dar, d.h. ohne Einfluss der Gravitation. Unter diesen Bedingungen würde sich ein Feldboson bei einem Phasenübergang in die entgegengesetzte Richtung wahrscheinlich irreversibel auflösen.
Die Geschwindigkeit $v_{ph,n}$ eines Feldbosons (21) an der Phasengrenze erhält man durch Gleichsetzen von (15) mit (16), siehe dazu auch Abb. 5.

$$v_{ph,n} = \sqrt{\left(v_{l,n}^4 \cdot c^2 + v_{l,n}^2 \cdot c^4\right) \Big/ \left(v_{l,n}^4 + v_{l,n}^2 \cdot c^2 + c^4\right)} \qquad (21)$$

Übersichtlicher lässt sich der Sachverhalt auch darstellen, wenn man den Quotienten $\Phi(M_n, v)$, Gleichung (22), aus den Energien entsprechend der SRT bzw. dem SBM-Modell als Funktion der Skalenmasse abbildet, siehe Abb. 6:

$$\Phi(M_n, v) = {E_{SBM}}/{E_{SRT}} = \mu^3 \cdot \sqrt{(c^2 - v^2)\Big/(v_{l,n}^2 - v^2)} \tag{22}$$

Abbildung 6: relativer Potentialverlauf $\Phi(M_n, v)$ nach Gleichung (22) mit Phasengrenzlinie Φ_{ph} und Verlauf der relativen Potentialminima Φ_{min} entsprechend Gl. (24)

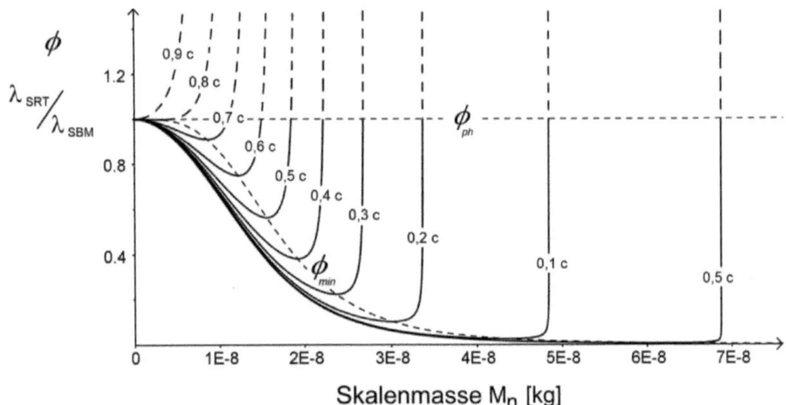

Für die Phasengrenzlinie Φ_{ph} , unterhalb der Feldbosonen massiv werden, gilt $E_{SRT} = E_{SBM}$. Deshalb verläuft sie in Abb. 6 exakt bei $\Phi_{ph} = 1$, siehe dazu auch Bedingungen für Schnittpunkt Punkt B in Abb. 5. Die Phasengrenzlinie Φ_{ph}, Gleichung (23), erhält man auch durch Substitution von v durch $v_{ph,n}$ in Gleichung (22). Die Φ_{ph} -Werte beginnen allerdings bei großen Skalenmassen aufgrund der zunehmenden rechnerischen Ungenauigkeit zu fluktuieren.

$$\Phi_{ph} = \mu^3 \cdot \sqrt{(c^2 - v_{ph,n}^2)\Big/(v_{l,n}^2 - v_{ph,n}^2)} = 1 \tag{23}$$

Der Verlauf der gestrichelten Kurve Φ_{min} in Abb. 6 führt durch sämtliche Minima der Parameterkurven $\Phi(M_n, v)$ und kann vermittels Gleichung (24) graphisch dargestellt werden.

$$\Phi_{min} = \mu^3 \cdot \sqrt{\left(c^2 - \tfrac{2}{3}v_{l,n}^2\right)\Big/\left(v_{l,n}^2 - \tfrac{2}{3}v_{l,n}^2\right)} \tag{24}$$

Gemäß dem Hamiltons'chen Prinzip können Feldbosonen (entlang des Φ_{min} Kurvenverlaufes in Abb. 6) zu Feldbosonen mit größerer Skalenmasse kondensieren, um so in tiefer gelegene Potentialbereiche zu gelangen, siehe auch Abb. 4. Triebfeder hierfür ist der innere Deformationsdruck der Feldbosonen hoher Energie (Geschwindigkeit) in einer zunehmend flachen Raumzeit. Da bei einer entsprechenden zeitlichen Entwicklung - in Abb. 6 entlang des Φ_{min} Kurvenverlaufes - Feldbosonen mit kleineren Grenzgeschwindigkeiten und mit immer geringeren effektiven Massen entstehen, nimmt der gravitative Zusammenhalt insgesamt ab.

Aus der Sicht des SBM-Modells erscheint deshalb eine anhaltende Inflation (slow roll eternal inflation) [48, 49] plausibel. Ein Teil der Dunklen Energie lässt sich so als eine Folge der Kondensation von Feldbosonen verstehen, die möglicherweise mit der Verdichtung baryonischer Materie im Bereich der Galaxien einhergeht. Eine allmählich anwachsende Metallizität der interstellearen Materie könnte diesen Prozess noch verstärken und zu einer beschleunigten Expansion des Universums führen.

Die Parameterkurven in Abb. 6 können auch unter dem Aspekt der de-Broglie-Wellenlängenverhältnisse in den beiden Phasen interpretiert werden. Für die effektive (relativistische) de-Broglie-Wellenlänge entsprechend der SBM gilt Gleichung (25):

$$\lambda_{SBM} = \frac{h \cdot \sqrt{1 - (v/v_{l,n})^2}}{M_{eff,n} \cdot v} \tag{25}$$

Wie sich leicht zeigen lässt, entspricht der Quotient E_{SBM}/E_{SRT}, Gl. (22), gerade dem reziproken Verhältnis der beiden de-Broglie-Wellenlängen nach der SRT- bzw. SBM-Darstellung für Feldbosonen, siehe Gleichung (26).

$$\Phi(m_n, v) = E_{SBM}/E_{SRT} = \lambda_{SRT}/\lambda_{SBM} \tag{26}$$

Demnach muss die effektive de Broglie Wellenlänge λ_{SBM} entsprechend der SBM mindestens so groß wie die de Broglie Wellenlänge λ_{SRT}[1] sein, damit Feldbosonen durch Symmetriebrechung Masse erhalten oder Elementarteilchen durch massive Feldbosonen (invariante) Masse vermittelt bekommen, siehe Abb. 6.

In Abb. 7 sind die nach unterschiedlichen Geschwindigkeiten parametrisierten Kurven der Feldbosonen nach Gl. (16) mit der entsprechenden Phasengrenzlinie (27) im Energie vs. Skalenmasse-Diagramm dargestellt.

$$E_{SBM,ph} = \frac{M_n \cdot v_{l,n}^2}{\sqrt{1 - \dfrac{v_{ph}^2}{v_{l,n}^2}}} \tag{27}$$

Die vertikalen Zahlen in Abb. 7 stehen wieder für die Geschwindigkeit der Feldbosonen in Einheiten der Lichtgeschwindigkeit. Die nach oben gerichtete gestrichelte Diagonale (A) im Diagramm stellt beispielhaft die Gesamtenergie der Feldbosonen bei ansteigender Skalenmasse M_n mit $v = 0,6 \cdot c$ enrsprechend der SRT dar. Sie schneidet sich mit der davon abweichenden SBM-Kurve (B) exakt auf der Phasengrenzlinie, unterhalb der das SBM-Regime für massive Feldbosonen beginnt.

---

[1] i.e. mit $v_{l,n} = c$, siehe Gl. (6) und (7)

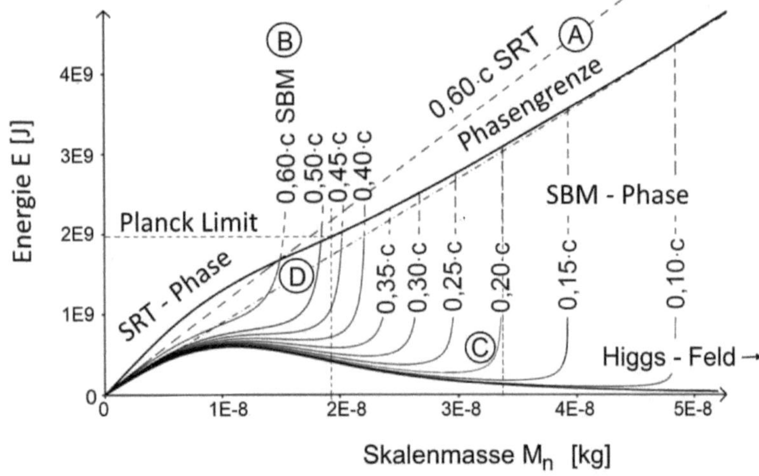

Die diagonale Linie D, die sich asymptotisch der Phasengrenzlinie in Abb. 7 nähert, entspricht dem Verlauf der Ruheenergie der betreffenden Skalenmassen nach SRT-Version. Der Verlauf der Planck-Grenze bei E=1,9651E9 J ist in Abb. 7 ebenfalls eingezeichnet.

Bis zu einer Skalenmasse von etwa 1.9E-8 kg ergeben sich unterhalb der Planck Grenze zwei Phasenbereiche in denen bei hohen Energien das SRT- und bei tieferen das SBM-Regime der Feldbosonen vorherrscht. Entsprechend Abb. 7 können Feldbosonen mit einer Skalenmasse größer als 1,9E-8 kg zumindest theoretisch auch oberhalb der Planck-Grenze bis zur SBM/SRT Phasengrenze existieren.

Oberhalb einer Skalenmasse von ca. 1,5 E-8 kg, bzw. unterhalb einer Geschwindigkeit von ca. 0,45·c durchlaufen alle SBM-Kurven konstanter Geschwindigkeit ein Energieminimum, bevor sie bei einer bestimmten Skalenmasse nach rechts hin erneut steil ansteigen. Beispielsweise ergibt sich für die Geschwindigkeitstrajektorie von $0,2 \cdot c$ (relativ zu einem Beobachter) bei einer Skalenmasse M_n von ca. 3E-8 kg ein Energieminimum (C), während die zugehörige senkrechte Asymptote bei 3,372 E-8 kg die x-Achse schneidet. Demnach lässt sich der Graphik entnehmen, dass ein Feldboson der Skalenmasse 3,372 E-8 kg die Grenzgeschwindigkeit $0,2 \cdot c$ besitzt.

Gemäß dem Hamilton'schen Prinzip wird ein Beobachter einer fernen Galaxie je nach Rotationsgeschwindigkeit der Galaxienscheibe zu ihm mit Feldbosonen unterschiedlich effektiver Masse $M_{eff,n}$ zu rechnen haben. Betrachtet man beispielsweise in Abb. 7 die Lage der Energieminima einzelner Geschwindigkeitstrajektorien relativ zur Skalenmasse und vergleicht sie mit den verschiedenen Rotationsgeschwindigkeiten innerhalb einer Galaxienscheibe, würde man in der Nähe des Galaxienzentrums bei relativ kleinen Rotationsgeschwindigkeiten Feldbosonen mit großer Skalenmasse M_n, aber geringer effektiver Masse $M_{eff,n}$ erwarten. Bei größeren Rotationsgeschwindigkeiten und wachsender Distanz zum Galaxienzentrum würde man dagegen eher Feldbosonen mit niedriger Skalenmasse, aber mit hoher effektiver Masse erwarten. Qualitativ liefert dies bereits ein Bild, das mit der Verteilung der sogenannten Dunklen Materie innerhalb von Spiralgalaxien gut vereinbar ist [4-9] und darüber hinaus auch eine einfache Erklärung für das Core-Cusp Problem [50] bietet.

Higgs - Mechanismus aus Sicht des SBM-Modells

Um quantitative Aussagen zum Problem der Dunklen Materie- bzw. Dunklen Energie aus der Sicht des SBM-Modells treffen zu können, wird nachfolgend die Wirkung der Feldbosonen auf eine Reihe Testteilchen bestimmter Energie für den Grenzfall einer flachen Raumzeit untersucht. Ziel ist es, die Gesamtenergie der involvierten Feldbosonen in eine quantitative Beziehung zur ihrer massevermittelnden Wirkung zu stellen, um es als Modell für Dunkle Materie und Dunkle Energie in einer asymptotisch flachen Raumzeit nutzen zu können.

Gemäß der SBM "erkennen" Feldbosonen ein Testteilchen (Elementarteilchen) anhand der Größe des Quotienten der Gleichung (22) bzw. dem Größenverhältnis der beiden de Broglie-Wellenlängen, Gleichung (26). Ist die effektive de-Broglie-Wellenlänge, Gleichung (25), eines massiven Feldbosons größer als die de Broglie-Wellenlänge des Testteilchens, kann das entsprechende Feldboson einen Beitrag zur Masse beisteuern. Abb. 8, links veranschaulicht den Zusammenhang zwischen der Energie eines Testteilchens und einer daraus abgeleiteten spezifischen Projektionsmasse $M_{p,n}$. Sie markiert die untere Grenze auf der Massenskala oberhalb der Feldbosonen dem Testteilchen Masse verleihen können. Wie noch ausführlich dargestellt wird, benötigt man $M_{p,n}$ als Skalenfaktor (28) zur Aufstellung einer Geschwindigkeits- bzw. Energieverteilung der Masse vermittelnden Feldbosonen.

$$SF_{SBM} = M_{p,n} \cdot c^2 \qquad \text{Skalenfaktor für Verteilungsfunktion (28)}$$

Wie in Abb. 8, links zu sehen ist, lässt sich Punkt $P(M_{p,n}/E_T)$ als Schnittpunkt der Energie des Testteilchens E_T mit der Phasengrenze (Abb. 8, phase boundery), Gl. (23) konstruieren. Die betreffende Projektionsmasse $M_{p,n}$ ergibt sich dann aus dem Schnittpunkt des Lotes durch Punkt $P(M_{p,n}/E_T)$ mit der Massenskala.

Abbildung 8: Higgs-Mechanismus aus Sicht der SBM:

Links: Zusammenhang zwischen der Energie eines Testteilchens und der Projektionsmasse $M_{p,n}$

Rechts: mögliche Felbosonen-Übergänge (Auswahl) zu einem Testteilchen der Energie E_T mit Projektionsmasse $M_{p,n}$ (T=Testteilchen, p=Projektion).

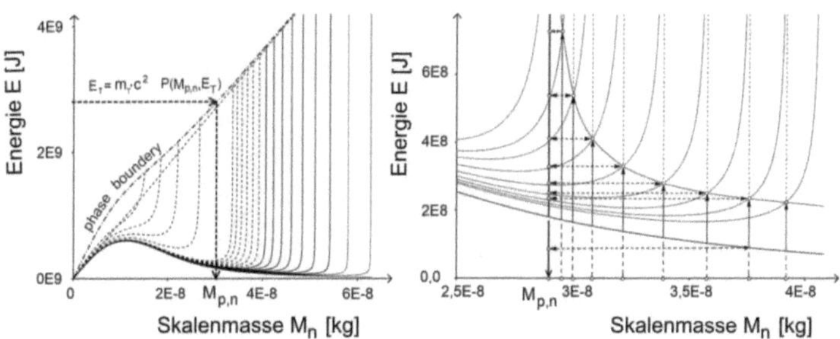

Rechts der Verbindungslinie $P(M_{p,n}/E_T)$ - $P(M_{p,n}/0)$ befindet sich damit der Phasenbereich, in dem Feldbosonen einen Beitrag zur Masse m_T des Testteilchen liefern können. Dies folgt aus dem beschriebenen Zusammenhang der de Broglie Wellenlängenverhältnisse an der Phasengrenze, siehe Ausführungen zu den Gleichung (22) bis (26). Feldbosonen, deren effektive de Broglie Wellenlänge (25) kleiner ist als die de Broglie Wellenlänge des Testteilchens, können demnach keinen Beitrag mehr zur Masse des Testteilchens beisteuern. Sie befinden sich in Abb. 8 links der Verbindungslinie P($M_{p,n}$/E$_T$)- P($M_{p,n}$/0). In Bezug auf ein Testteilchen ist speziell das Feldboson mit der Projektionsmasse $M_{p,n}$ ein virtuelles Teilchen aufgrund der verschwindenden Übergangswahrscheinlichkeit, siehe dazu auch Abb. 8, rechts.

Die relativistische Geschwindigkeits- bzw. Energieverteilung des virtuellen Feldbosons mit der Skalenmasse $M_{p,n}$ stellt nun gerade eine Einteilchenprojektion der Masse vermittelnden Feldbosonenübergänge rechts der Verbindungslinie P($M_{p,n}$/E$_T$) - P($M_{p,n}$/0) (in Abb. 8, rechts) dar. Dabei sind die entsprechenden Übergänge von kurzer Dauer, da der Deformationsdruck eines angeregtes Feldboson in einer flachen Raumzeit es wieder auf das Energieniveau des Higgsfeldes ($v = 0$) zurückzwingt, siehe Abb. 7, rechts.

Da die fraglichen Übergänge wegen der vergleichsweise kleinen Grenzgeschwindigkeiten $v_{p,l}$ der Feldbosonen relativistisch sind, wird hier die Einteilchenprojektion durch eine modifizierte Maxwell-Jüttner Geschwindigkeitsverteilung (MJV) entsprechend Gl. (30), der Einfachheit halber aus Sicht eines mitbewegten Beobachters (comoving observer) dargestellt. Der ursprüngliche Skalenfaktor kT der Maxwell-Jüttner Geschwindigkeitsverteilung (MJV) (29) wird in der modifizierten MJV (30) durch das Energieäquivalent der Projektionsmasse $M_{p,n} \cdot c^2$ ersetzt.

Tabelle 1: Gegenüberstellung der modifizierten MJV (30) für massive Feldbosonen mit der MJV (29)

Maxwell Jüttner Verteilung	Modifizierte Maxwell Jüttner Verteilung

$$f(\gamma) = \frac{\gamma^2 \cdot \beta}{\theta \cdot K_2(1/\theta)} \cdot \exp(-\frac{\gamma}{\theta}) \quad (29)$$

$$f(\gamma_p) = \frac{\gamma_p^2 \cdot \beta_P}{\theta_\kappa \cdot K_2(1/\theta_\kappa)} \cdot \exp(-\frac{\gamma_p}{\theta_\kappa}) \quad (30)$$

mit

$$\gamma = \frac{1}{\sqrt{1 - \frac{v^2}{c^2}}} \quad (31a)$$

mit

$$\gamma_p = \frac{1}{\sqrt{1 - \frac{v^2}{v_{p,l}^2}}} \quad (31b)$$

$$\mu_P = \frac{v_{p,l}}{c} \quad (32)$$

$$\theta = kT/m \cdot c^2 \quad (33a)$$

$$\theta_\kappa = \kappa \cdot M_{p,n} \cdot c^2 \Big/ M_{p,n} \cdot \mu_p^2 \cdot c^2$$
$$= \kappa/\mu_p^2 \quad (33b)$$

$$\beta = \frac{v}{c} = \sqrt{1 - 1/\gamma^2} \quad (34a)$$

$$\beta_p = \frac{v}{v_{p,l}} = \sqrt{1 - 1/\gamma_p^2} \quad (34b)$$

Die klassische MJV in Form der Gleichung (29) gibt die Wahrscheinlichkeit an, mit der ein Teilchen der Masse m bei einer vorgegebenen Temperatur einem bestimmten γ-Wert einnnimmt. γ, θ und β sind über die Gleichungen (31a), (33a) und (34a) definiert. $K_2(1/\theta)$ ist eine modifizierte Bessel-Funktion zweiter Art.

In der MJV (29) ist die Masse des betreffenden Teilchens bereits Bestandteil der Verteilungsfunktion und steht mit der Temperatur in einer formelmäßigen Beziehung, siehe Subgleichung (33a). Mit Hilfe der modifizierten MJV (30) soll hingegen die Gesamtenergie der Feldbosonenübergänge mit dem Energieäquivalent der vermittelten Masse m_T verglichen werden können. Die Orientierung der Übergänge ist mit Wahl der (modifizierten) MJV in alle Raumrichtungen gleichverteilt.

In der modifizierten MJV, Gl. (30), ergibt sich die Masse m_T eines Testteilchens allein aus der Lage der Energie des Testteilchens relativ zur Phasengrenze (Abb. 8). Statt der mittleren thermischen Energie kT wird in der modifizierten MJV (30) das Energieäquivalent der auf die Testteilchenenergie E_T bezogenen Projektionsmasse $M_{p,n} \cdot c^2$ als Temperatur unabhängiger Skalenfaktor eingeführt. Die Lage von $M_{p,n}$ auf der Massenskala stellt dabei sicher, dass die Projektion der Feldbosonen-Anregungen auf die Verbindungslinie zwischen den Punkten $P(M_{p,n}, E_T)$ und $P(M_{p,n}, 0)$ in Abb. 8 vollständig erfolgt. Aufgrund des Verlaufs der Phasengrenze, siehe Abb. 8, rechts, weicht aber die Projektionsmasse $M_{p,n}$ von der Masse des Testteilchens m_T ab.

Mit Hilfe der berechneten Übergangswahrscheinlichkeiten $f(\gamma_p)$ der modifizierten MJV nach Gleichung (30) lässt sich dann die Gesamtenergie E_g aller am Masse vermittelnden Schritt beteiligten Feldbosonen über das Integral (35) bestimmen.

$$E_g = \int_{\gamma_p=1}^{\gamma_p=\infty} E(\gamma_p) \cdot f(\gamma_p) \, d\gamma_p \qquad (35)$$

In Gl. (35) steht $E(\gamma_p)$ für die Energie des virtuellen Feldbosons der Skalenmasse $M_{p,n}$ mit dem Lorentzfaktor γ_p nach Gl. (36), während $f(\gamma_p)$ die Wahrscheinlichkeit für eine derartige Anregung bei einem bestimmten γ_p-Wert angibt.

$$E(\gamma_p) = \left. M_p \cdot v_{p,l}^2 \middle/ \sqrt{1 - \frac{v^2}{v_{p,l}^2}} \right. = M_p \cdot v_{p,l}^2 \cdot \gamma_p \qquad (36)$$

Das Integral (35) wurde auf der Basis von $6 \cdot 10^4$ γ_p-Werten für eine Reihe von Testteilchen unterschiedlicher Energien numerisch ermittelt und ausgewertet.

Zusätzlich wurde der Kopplungsparameter κ in θ_κ, Sub-Gleichung (33b) als nützliche Erweiterung der modifizierten Maxwell-Jüttner Verteilung eingeführt. Mit ihm lässt sich der Anteil an der Gesamtenergie (35) der Feldbosonen identifizieren, der für die Generierung der Masse des Testteilchens steht. Die geometrische Bedeutung des Kopplungsparameters κ wird weiter unten noch eingehender erläutert. In Abb. 9, links ist die Wahrscheinlichkeitsverteilung $f(\gamma_p)$, Gl. (30) für die κ-Werte 1/3, 2/3 und 1 für die Projektionsmasse $M_p = 2{,}895\text{E-}8$ kg, d.h. für ein Testteilchen der Energie E_T von $2{,}69627\text{E+}09$ J dargestellt. Abb. 9, rechts zeigt die dazugehörige Energieverteilung der Feldbosonen in der Einteilchen-Darstellung bei unterschiedlichen γ_p-Werten für die κ-Werte 1/3, 2/3 und 1.

Abbildung 9: Wahrscheinlichkeitsverteilung (links) bzw. Energieverteilung (rechts) vs. γ_p - Werte bei unterschiedlichen κ-Werten in der Einteilchen-Repräsentation der modifizierten Maxwell-Jüttner-Verteilung (30) für M_p =2,895E-8 kg.

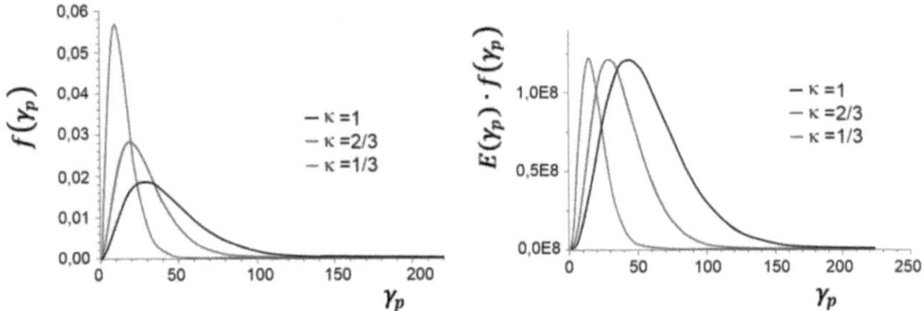

Abb. 10 stellt das Ergebnis der Auswertung für die Gesamtenergie der Feldbosonen, Integral (35) für verschieden schwere Testteilchen mit den Kopplungskonstanten $\kappa = 1$, $^2/_3$ und $^1/_3$ graphisch dar. Demnach entspricht das Integral (35) mit $\kappa = 1/3$ dem Energieäquivalent der Masse m_T eines Testteilchens, (37), siehe Abb. 10, mit einem Kreuz gekennzeichnete Werte.

$$m_T \cdot c^2 \cong \int_{\gamma_p=1}^{\gamma_p=\infty} E(\gamma_p) \cdot f(\gamma_p)\, d\gamma_p \qquad \kappa = 1/3 \qquad (37)$$

Abbildung 10: Energien $m_T \cdot c^2$ der Testteilchen vs. Feldbosonenenergien für unterschiedliche κ-Werte.

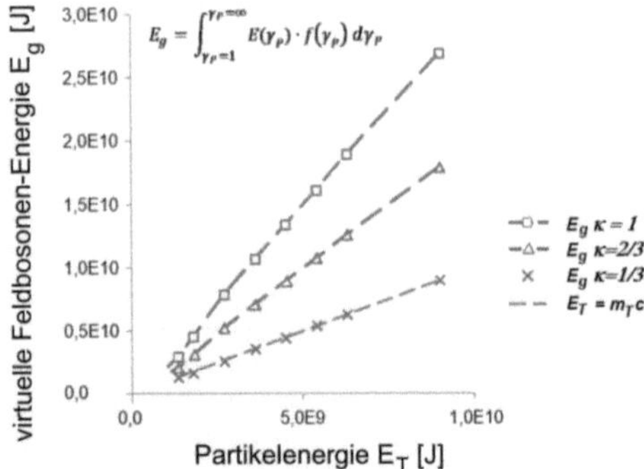

Bis auf kleine Abweichungen ergeben sich für die numerischen Lösungen des Integrals Gl. (35) vermittels der Projektionsmassen $M_{p,n}$ für $\kappa = 1$ das Dreifache des Energieäquivalentes eines Testteilchens, (38), Abb. 10, braune Kurve.

$$3 * m_T \cdot c^2 \cong \int_{\gamma_p=1}^{\gamma_p=\infty} E(\gamma_p) \cdot f(\gamma_p)\, d\gamma_p \, , \qquad \kappa = 1 \qquad (38)$$

Das Integral (35) für $\kappa = {}^2/_3$ ergibt den blauen Verlauf in Abb. 10, das dem Doppelten des Energieäquivalentes der Masse eines Testteilchens entspricht. Zusammenfassend lässt sich daraus der Schluss ziehen, dass zur Generierung einer bestimmten Masse in einer flachen Raumzeit die dreifache Energie in Form der entsprechenden Feldbosonenanregungen benötigt wird, da nur mit einem κ-Wert 1 die Projektion der Feldbosonenübergänge auch vollständig erfolgt. In Tabelle 2 sind die entsprechenden numerischen Werte aufgelistet.

Bei Skalenmassen etwa zwischen 0 und 1,5E-8 kg durchlaufen die Geschwindigkeitstrajektorien keine Minima (siehe Abb. 4), so dass in diesem Bereich keine stabilen Feldbosonen zu erwarten sind. Elementarteilchen wie das Higgs-Boson können in Folge dessen von Feldbosonen in diesem Massenskalenbereich gar nicht "gesehen" werden. Dennoch können sie durch Feldbosonen im Bereich hoher Skalenmassen erfasst werden und erhalten somit auch eine Masse. In diesem Fall erfolgt die Auswertung über den Schnittpunkt der Teilchenenergie mit der unteren Phasengrenze, in Abb. 8, links. Die Aufstellung einer entsprechenden Energieverteilung verläuft nach einer Reskalierung im Prinzip analog zu einer Erkennung über die obere Phasengrenze.

Tabelle 2: numerische Werte für die Testteilchenenergie, Projektionsmasse $M_{p,n}$, und der Gesamtenergie nach (35) für die κ-Werte ${}^1/_3$, ${}^2/_3$ und 1 bei verschiedenen Testteilchenenergien.

Masse Testteilchen m_T [kg]	Projektionsmasse $M_{p,n}$ [kg]	Äq. Energie Testteilchen E [J]	$\int_1^\infty f(\gamma_p) \cdot d\gamma_p$	$\int_{\gamma_p=1}^{\gamma_p=\infty} E(\gamma_p) \cdot f(\gamma_p)\, d\gamma_p$ [J] für		
				$\kappa=1$	$\kappa=2/3$	$\kappa=1/3$
1,5E-8	1,055E-08	1,35E+09	1,000	3,001E+09	2,108E+09	1,267E+09
2E-8	1,670E-08	1,80E+09	1,000	4,579E+09	3,109E+09	1,680E+09
3E-8	2,895E-08	2,70E+09	1,000	7,880E+09	5,223E+09	2,620E+09
4E-8	3,956E-08	3,60E+09	1,000	1,067E+10	7,112E+09	3,558E+09
5E-8	4,978E-08	4,49E+09	1,000	1,342E+10	8,947E+09	4,474E+09
6E-8	5,987E-08	5,39E+09	1,000	1,615E+10	1,076E+10	5,381E+09
7E-8	6,992E-08	6,29E+09	1,000	1,898E+10	1,259E+10	6,285E+09
1E-7	1,000E-07	8,99E+09	1,000	2,697E+10	1,798E+10	8,987E+09

Diskussion und Zusammenfassung

Entsprechend dem SBM-Modell können Feldbosonen als Kondensate des Higgs-Feldes aufgefasst werden, denen eine nicht verschwindende, effektive Ruhemasse und eine effektive de Broglie Wellenlänge zugeschrieben werden kann. Aufgrund der stark verminderten Grenzgeschwindigkeiten der Feldbosonen finden relativistische Masseneffekte schon bei kleinen Relativgeschwindigkeiten statt, wie beispielsweise bei der Rotation von Galaxien aus der Sicht eines ruhenden Beobachters. Durch sukzessive Kondensation der Feldbosonen entstehen Kondensate mit einer kleineren effektiven Masse, die zu einer Abschwächung des gravitativen Zusammenhaltes führen. Die dabei freiwerdenden Energien führen zu einer Expansion des Raumes.

In Abb. 11 ist schematisch eine gerichtete Feldbosonenanregung im Bereich eines Testteilchen mit Schwerpunkt T dargestellt. Für die Generierung von Masse ist die x-Komponente in Richtung des Schwerpunktes des Teilchens T maßgebend. In einer asymptotisch flachen Raumzeit (d.h. ohne Gravitation) sind Feldbosonenanregungen in alle

Raumrichtungen gleich wahrscheinlich, so dass statistisch nur 1/3 der Feldbosonen-Energien zur Erzeugung der Teilchenmasse wirksam werden. Somit ergibt sich aus dem Integral der Energieverteilung für Feldbosonen nach Gleichung (35) ff., als auch anhand der Abb. 11 dasselbe Bild. Im Bereich großer Skalen kann für ein Beobachter am Punkt T in Abb. 11 die relative Dynamik quasifreier Feldbosonen zu ihm für die dunkle Materie bzw. dunkle Energie verantwortlich gemacht werden. Statistisch werden in einem asymptotisch flachen Raum rund ein Drittel der Feldbosonenenergien als Masse in Form von Dunkler Materie wirksam, während rund zwei Drittel sich als Dunkle Energie bemerkbar machen. Die aus der Messung der Hintergrundstrahlung ermittelte Verteilung [1] deutet demnach auf eine partielle Anisotropie der quasifreien Feldbosonen hin.

Abbildung 11: gerichtete Feldbosonenanregung

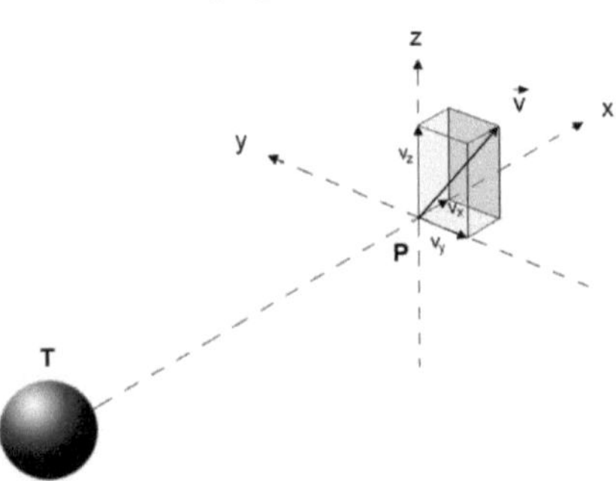

Aus der Perspektive des SBM-Modells lassen sich viele der bekannten Schwierigkeiten bei der Interpretation der Dunklen Materie und Dunklen Energie ausräumen und die damit verbundenen physikalischen Phänomene auf eine besondere Struktur des Higgs-Feldes zurückführen.

Danksagung

Mein besonderer Dank gilt meiner Frau Christine, die mit Ihren wertvollen Fragen und Diskussionsbeiträgen zum Gelingen dieser Arbeit beigetragen hat.

Literatur

[1] Planck 2013 results. XVI. Cosmological parameters, arXiv:1303.5076, Submitted to Astronomy & Astrophysics

[2] F. Zwicky (1933), Die Rotverschiebung von extragalaktischen Nebeln, Helvetica Physica Acta,Vol. IV, S. 110 (1933)

[3] F. Zwicky (1937), On the Masses Nebulae and of Clusters of Nebulae, Astrophysical Journal, vol. 86, p. 217 (1937)

[4] Bosma, A (1998), In Galaxy Dynamics, Rutgers University,ASP Conf. Serie 182, S. 339

[5] Ostriker, J. P. & Caldwell, J. A. R. 1979, in IAU Symposium, Vol. 84, The Large-Scale Characteristics of the Galaxy, ed. W. B. Burton, 441–448

[6] Schmidt, M. 1985, in IAU Symposium, Vol. 106, The Milky Way Galaxy, ed.H. van Woerden, R. J. Allen, & W. B. Burton, 75–81

[7] Kent, S. M. 1986, AJ, 91, 1301

[8] Navarro, J. F., Frenk, C. S., & White, S. D. M. 1997, ApJ, 490, 493

[9] van Albada, T. S., Bahcall, J. N., Begeman, K., & Sancisi, R. 1985, ApJ, 295,305

[10] C. Moni Bidin *et al.* 2010 *ApJ* **724** L122 doi:10.1088/2041-8205/724/1/L122The Astrophysical Journal Letters Volume 724 Number 1

[11] Bo Qin, Ue-Li Pen, Joseph Silk, http://arxiv.org/abs/astro-ph/0508572

[12] Martin Bojowald 2007, The Dark Side of a Patchwork Universe http://arxiv.org/abs/0705.4398v1

[13] Lawrence Krauss: Quintessence - the mystery of missing mass in the universe. Basic Books, New York 2000, ISBN 0-465-03740-2.

[14] Markus Kuster, et al.: Axions - theory, cosmology, and experimental searches. Springer, Berlin 2008, ISBN 978-3-540-73517-5

[15] Robert R. Caldwell, Marc Kamionkowski, Nevin N. Weinberg (2003)Phantom Energy and Cosmic Doomsday, Phys.Rev.Lett. 91 (2003) 071301

[16] M. Milgrom, A Modification of the Newtonian Dynamics as a possible Alternative to the Hidden Mass Hypothesis, The Astrophysical Journal, 270: 365-370,1983, Juli 15.

[17] R. Cen, JP Ostriker, - X-ray clusters in a cold dark matter + lambda universe: A direct, large-scale, high-resolution, hydrodynamic simulation,The Astrophysical Journal, 1994 - adsabs.harvard.edu

[18] N. Jarosik, C. L. Bennett, J. Dunkley, B. Gold, M. R. Greason, M. Halpern, R. S. Hill, G. Hinshaw, A. Kogut, E. Komatsu, D. Larson, M. Limon, S. S. Meyer, M. R. Nolta, N. Odegard, L. Page, K. M. Smith, D. N. Spergel, G. S. Tucker, J. L. Weiland, E. Wollack, E. L. Wright (2010), Seven-Year Wilkinson Microwave Anisotropy Probe (WMAP) Observations: Sky Maps, Systematic Errors, and Basic Results, arXiv:1001.4744 astro-ph.CO]

[19] P. Kroupa et. al., Local-Group tests of dark-matter Concordance Cosmology: Towards a new paradigm for structure formation, arXiv:1006.1647 [astro-ph.CO]

[20] Moore, Ben, et al. "Cold collapse and the core catastrophe." *Monthly Notices of the Royal Astronomical Society* 310.4 (1999): 1147-1152.

[21] Governato, C. Brook, L. Mayer, A. Brooks, G. Rhee, J. Wadsley, P. Jonsson, B. Willman, G. Stinson, T. Quinn & P. Madau: Bulgeless dwarf galaxies and dark matter cores from supernova-driven outflows, Nature 463, 203-206 (14 January 2010)

[22] Benoit Famaey, Stacy McGaugh, Modified Newtonian Dynamics (MOND): Observational Phenomenology and Relativistic Extensions, arXiv:1112.3960 [astro-ph.CO]

[23] B. Famaey, S McGaugh , Challenges for ΛCDM and MOND Journal of Physics: Conference Series, 2013 - iopscience.iop.org

[24] M. Milgrom, A Modification of the Newtonian Dynamics as a possible Alternative to the Hidden Mass Hypothesis, The Astrophysical Journal, 270: 365-370,1983, Juli 15.

[25] A.P. Lundgren, M. Bondarescu, R. Bondarescu, J. Balakrishna, Astrophys. J. Lett. 715 (2010) L35.

[26] I. Rodriguez-Montoya, J. Magaña, T. Matos, A. Pérez-Lorenzana, Astrophys. J. 721 (2010) 1509.

[27] T.P. Woo, T. Chiueh, Astrophys. J. 697 (2009) 850.

[28] L.A. Ureña-López, JCAP 0901 (2009) 014.

[29] S. Fagnocchi, S. Finazzi, S. Liberati, M. Kormos, A. Trombettoni, New J. Phys. 12 (2010) 095012.

[30] T. Harko, Mon. Not. Roy. Astron. Soc. 413 (2011) 3095.

[31] A. Suárez, T. Matos, arXiv:1101.4039 [gr-qc].

[32] T. Harko, F.S.N. Lobo, arXiv:1104.2674 [gr-qc].

[33] L.A. Gergely, T. Harko, M. Dwornik, G. Kupi, Z. Keresztes, arXiv:1105.0159[gr-qc].

[34] T. Harko, Phys. Rev. D 83 (2011) 123515.

[35] T. Harko, Mon. Not. Roy. Astron. Soc. 413 (2011) 3095.

[36] P.H. Chavanis, Phys. Rev. D 84 (2011) 043531.

[37] J. Barranco, A. Bernal, J.C. Degollado, A. Diez-Tejedor, M. Megevand, M. Alcubierre, D. Núñez, O. Sarbach, arXiv:1108.0931 [gr-qc].

[38] J. Barranco, A. Bernal, arXiv:1108.1208 [astro-ph.CO]

[39] Dan Hooper and Tilman Plehn (2003), Supersymmetric Dark Matter - How Light Can the LSP Be?, Phys.Lett.B562:18-27,2003 (http://arxiv.org/abs/hep-ph/0212226)

[40] Giovanni Amelino-Camelia: Planck scale effects in astrophysics and cosmology. Springer, Berlin 2005, ISBN 3-540-25263-0

[41] M. Planck, Mai 1899, *Über irreversible Strahlungsvorgänge , Sitzungsberichte der Preußischen Akademie der Wissenschaften* (Band 5 S. 479 1899)

[42] Richard L.Amoroso: Gravitation and cosmology - from the Hubble radius to the Planck scale. Kluwer Academic, Dordrecht 2002, ISBN 1-4020-0885-6

[43] Amelino-Camelia, G. (2010). "Doubly-Special Relativity: Facts, Myths and Some Key Open Issues". Symmetry 2: 230–271. arXiv:1003.3942. Bibcode:2010arXiv1003.3942A.

[44] Magueijo, J.; Smolin, L (2001). "Lorentz invariance with an invariant energy scale". Physical Review Letters 88 (19): 190403. arXiv:hep-th/0112090. Bibcode:2002PhRvL..88s0403M. doi:10.1103/PhysRevLett.88.190403.

[45] Magueijo, J.; Smolin, L (2003). "Generalized Lorentz invariance with an invariant energy scale". Physical Review D 67 (4): 044017. arXiv:gr-qc/0207085. Bibcode:2003PhRvD..67d4017M. doi:10.1103/PhysRevD.67.044017.

[46] A. A. Abdo et al. A limit on the variation of the speed of light arising from quantum gravity effects, Nature 462, 331-334 (19 November 2009) | doi:10.1038/nature08574; Received 12 August 2009; Accepted 12 October 2009; Published online 28 October 2009

[47] P. Laurent, D. Götz, P. Binétruy, S. Covino, A. Fernandez-Soto. Constraints on Lorentz Invariance Violation using integral/IBIS observations of GRB041219A. Physical Review D, 2011; 83 (12) DOI: 10.1103/PhysRevD.83.121301

[48] Linde, A (1982). "A new inflationary universe scenario: A possible solution of the horizon, flatness, homogeneity, isotropy and primordial monopole problems". Physics Letters B 108 (6): 389–393. Bibcode:1982PhLB..108..389L. doi:10.1016/0370-2693(82)91219-9

[49] Albrecht, Andreas; Steinhardt, Paul (1982). "Cosmology for Grand Unified Theories with Radiatively Induced Symmetry Breaking" (PDF). Physical Review Letters 48 (17): 1220–1223.

[50] W. J. G. de Blok, "The Core-Cusp Problem," Advances in Astronomy, vol. 2010, Article ID 789293, 14 pages, 2010. doi:10.1155/2010/789293

BEI GRIN MACHT SICH IHR WISSEN BEZAHLT

- Wir veröffentlichen Ihre Hausarbeit,
  Bachelor- und Masterarbeit

- Ihr eigenes eBook und Buch -
  weltweit in allen wichtigen Shops

- Verdienen Sie an jedem Verkauf

Jetzt bei www.GRIN.com hochladen
und kostenlos publizieren